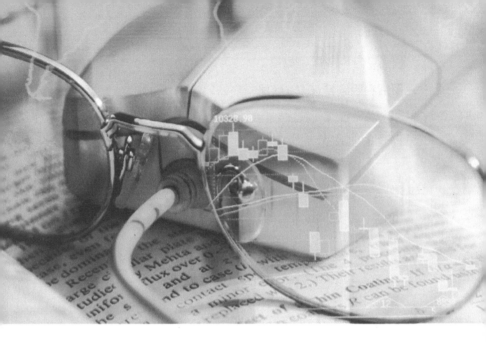

数据馆员的 Hadoop
简明手册

>>> 顾立平 袁 慧 编著

科学技术文献出版社
SCIENTIFIC AND TECHNICAL DOCUMENTATION PRESS

·北京·

图书在版编目（CIP）数据

数据馆员的Hadoop简明手册 / 顾立平，袁慧编著. —北京：科学技术文献出版社，2017. 10（2018.7重印）

ISBN 978-7-5189-3013-5

Ⅰ.①数… Ⅱ.①顾… ②袁… Ⅲ.①数据处理软件—技术手册 Ⅳ.① TP274-62

中国版本图书馆 CIP 数据核字（2017）第 161150 号

数据馆员的Hadoop简明手册

策划编辑：崔灵菲　责任编辑：崔灵菲　责任校对：张吲哚　责任出版：张志平

出　版　者	科学技术文献出版社	
地　　　址	北京市复兴路15号　邮编 100038	
编　务　部	（010）58882938，58882087（传真）	
发　行　部	（010）58882868，58882874（传真）	
邮　购　部	（010）58882873	
官 方 网 址	www.stdp.com.cn	
发　行　者	科学技术文献出版社发行　全国各地新华书店经销	
印　刷　者	北京虎彩文化传播有限公司	
版　　　次	2017 年 10 月第 1 版　2018 年 7 月第 3 次印刷	
开　　　本	850×1168　1/32	
字　　　数	45千	
印　　　张	2.875	
书　　　号	ISBN 978-7-5189-3013-5	
定　　　价	28.00元	

本手册旨在协助初级数据馆员们能够迅速了解 Hadoop 的知识、用途及整体概貌，作为进一步实践操作之前的入门基础读物。

数据馆员是能够充分实现开放科学政策、措施、服务的一群新型信息管理人员，他们熟悉数据处理、数据分析、数据权益、数据政策，且具有知识产权与开放获取的知识和经验。

Hadoop 是一个开源的框架，它能够使用户在不了解分布式底层细节的情况下，开发分布式程序，以便进行大规模数据集的分布式处理、用于计算机集群进行高速运算，以及面向海量数据的存储。

本手册力求简单、通俗、易懂，既不泛泛之谈，也不过早深入细节，而是力求把握重点。事实上，唯有实践才能真正理解 Hadoop 的有趣之处和局限之处，但在实践之前，或者考虑选择架构之前，如果有这么一本手册，会容易理解、沟通及评估。

本手册包括 5 个部分。第 1 章概述分布式大数据的基本概念，以及开源软件 Hadoop 的历史、生态体系及主要版本的变化。第 2 章概述核心架构中的计算资源分配、列式计算的工具及索引。第 3 章概述分布式计算的 MapReduce 方案，这也是最为通用的一种方案，能满足海量数据的处理。第 4 章概述如何优化 Hadoop 的案例。最后，附录介绍 Hadoop 家族产品。

本手册旨在将知识模块化，有了整体概述，可以方便读者与其他解决方案进行比较，在实践中遇到问题才能发现需要深入钻研的部分。在掌握全部知识点的基础上，通过搭建、测试、运行、试验之后，读者可以逐步参照其他已有的案例经验和 Hadoop 深入源码的著作进行进一步的探索应用。

编著者

2017 年初春于中关村

Contents >>>>>>>>> **目 录**

>>>>>> **第 1 章**

Hadoop 概念

1.1 Hadoop 简介

1.1.1 Hadoop 是什么

简单而言，Hadoop 就是一个开源的框架。这个框架，能够使用户在不了解分布式底层细节的情况下，开发分布式程序。Hadoop 能够进行大规模数据集的分布式处理，能够用计算机集群进行高速运算和海量数据的存储。

1.1.2 Hadoop 形成的历史

① Hadoop 的雏形开始于 2002 年 Apache 的 Nutch，一个开源 Java 实现的搜索引擎。它提供了运行自己的搜索引擎所需的全部工具，包括全文搜索和 Web 爬虫。

② 2003 年，Google 发表了一篇关于谷歌文件系统（GFS）的技术学术论文。GFS 也就是 Google File System，是 Google 公司为了存储海量搜索数据而设计的专用文件系统。

③ 2004 年，Nutch 的创始人 Doug Cutting 基于 Google 的 GFS 开发了分布式文件存储系统（NDFS）。

④ 2004 年，Google 又发表了一篇关于 MapReduce 的技术学术论文。MapReduce 是一种编程模型，用于大规模数据集（大于 1 TB）的并行分析运算。

⑤ 2005 年，Doug Cutting 又基于 MapReduce，在 Nutch 搜索引擎实现了该功能。

⑥ 2006 年，Yahoo 雇用了 Doug Cutting，Doug Cutting 将 NDFS 和 MapReduce 升级命名为 Hadoop。Yahoo 还为 Doug Cutting 建立了一个独立的团队，用来研究和发展 Hadoop。

1.1.3　Hadoop 在云计算和大数据中的地位

目前的大数据不仅用来描述大量的数据，还涵盖了数据处理速度。改进的大数据定义：大数据（Big Data），或称劣绅海量资料，指的是所涉及的资料，规模巨大到无法通过目前主流软件工具在合理时间内获取、管理、处理，并整理成为帮助企业经营决策的信息。

大数据研究领域目前分为四大块：大数据技术、大数据工程、大数据科学和大数据应用。云计算是属于大数据技术的范畴。云计算（Cloud Computing）是基于互联网的相关服务的增加、使用和交付模式，通常涉及通过互联网来提供动态、易扩展且经常是虚拟化的资源。

云计算可以认为包括以下 3 个层次的服务：基础设施即服务（IaaS）、平台即服务（PaaS）和软件即服务（SaaS）。

现在用的 Hadoop 位于云计算的 PaaS 层。

二者关系为：①云计算属于大数据中的大数据技术范畴。②云计算包含大数据。③云计算和大数据是两个领域。④ Hadoop 位于云计算的 PaaS 层。

1.1.4　Hadoop 与 Google FS 的关系

从 Hadoop 的形成历史看，我们不难发现 HDFS 就是在 GFS 的基础上实现的，所以 HDFS 作为 GFS 的一个最重要的实现，HDFS 的设计目标和 GFS 是高度一致的：在架构、块大小、元数据等的实现上，HDFS 与 GFS 大致一致。而 Hadoop 的核心组件之一就是 HDFS，故 GFS 是 Hadoop 发展的基石之一。

GFS 包括一个 Master 节点（元数据服务器）、多个 Chunkserver（数据服务器）和多个 Client（运行各种应用的客户端）。GFS 的工作就是协调成百上千的服务器为各种应用提供服务。

HDFS 是根据 GFS 论文中的概念模型设计实现的，简化了 GFS 中关于并发写的思路。

分布式文件系统的发展历程如图 1-1 所示。

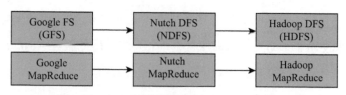

图 1-1 分布式文件系统的发展历程

1.1.5 小结

总体来说，Hadoop 适合应用于大数据存储和大数据分析的应用，适合于几千台到几万台服务器的集群运行，支持 PB 级的存储容量。Hadoop 的典型应用有搜索、日志处理、推荐系统、数据分析、视频图像分析、数据保存等。

1.2 Hadoop 生态系统

1.2.1 Hadoop 组成

2006 年项目成立一开始，"Hadoop" 这个单词只代表了两个组件——HDFS 和 MapReduce。现在，这个单词代表的是"核心"项目（即 Core Hadoop 项目）及与之相关的一个不断成长的生态系统。这一点和 Linux 非常类似，都是由一个核心和一个生态系统组成。

Hadoop 的核心是 HDFS 和 MapReduce，Hadoop 2.0 还包括 YARN。

还 有 一 些 HBase、Hive、Pig、ZooKeeper、Ambari、

Hcatalog、Mahout、Avro、Sqoop、Flume、Oozie、Thrift、Storm、Spark 等，都是 Hadoop 上的一些软件或应用。

Hadoop 家族产品（生态系统中的其他产品）见附录。

图 1-2 展示了 Hadoop 生态系统的核心组件。

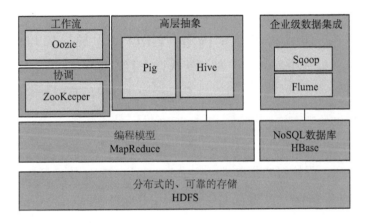

图 1-2　Hadoop 生态系统的核心组件

下面简单介绍各个组件的作用。

① HDFS（Hadoop Distribute File System）：是 Hadoop 生态系统的基础组件 Hadoop 分布式文件系统。它是其他一些工具的基础，HDFS 的机制是将大量数据分布到计算机集群上，数据一次写入，但可以多次读取，用于分析。HDFS 让 Hadoop 可以最大化利用磁盘。

② MapReduce：是 Hadoop 的主要执行框架，用于分

布式并行数据处理编程模型，将作业分为 mapping 阶段和 reduce 阶段。开发人员为 Hadoop 编写 MapReduce 作业，并使用 HDFS 中存储的数据，而 HDFS 可以保证快速的数据访问。鉴于 MapReduce 作业的特性，Hadoop 以并行的方式将处理过程移向数据。MapReduce 使得 Hadoop 可以最大化利用 CPU。

③ HBase：是一个构建在 HDFS 之上的面向列的 NoSQL 数据库，用于对大量数据进行快速读取 / 写入。HBase 将 ZooKeeper 用于自身的管理，以保证其所有组件都正在运行。HBase 使得 Hadoop 可以最大化利用内存。HBase 是 Hadoop Database，是一个高可靠性、高性能、面向列、可伸缩的分布式存储系统，利用 HBase 技术可在廉价 PC Server 上搭建起大规模结构化存储集群。

④ ZooKeeper：是 Hadoop 的分布式协调服务。ZooKeeper 被设计成可以在机器集群上运行，是一个具有高度可用性的服务，用于 Hadoop 操作的管理，而且很多 Hadoop 组件都依赖于它。ZooKeeper 是 Hadoop 的正式子项目，是针对大型分布式系统的可靠协调系统，提供的功能包括：配置维护、名字服务、分布式同步、组服务等。ZooKeeper 的目标就是封装好复杂易出错的关键服务，将简单易用的接口和性能高效、功能稳定的系统提供给用户。

⑤ Oozie：是一个可扩展的 Workflow 系统，已经被集

成到 Hadoop 软件栈中，用于协调多个 MapReduce 作业的执行任务。它能够处理大量的复杂性，基于外部事件来管理执行任务。Oozie 是一个开源的工作流和协作服务引擎，基于 Apache Hadoop 的数据处理任务。Oozie 是可扩展的、可伸缩的、面向数据的服务，运行在 Hadoop 平台上。Oozie 包括一个离线的 Hadoop 处理的工作流解决方案，以及一个查询处理 API。

⑥ Pig：是对 MapReduce 编程复杂性的抽象，Pig 平台包含用于分析 Hadoop 数据集的执行环境和脚本语言 (Pig Latin)。它的编译器将 Pig Latin 翻译为 MapReduce 程序序列。Pig Latin 语言的编译器会把类 SQL 的数据分析请求转换为一系列经过优化处理的 MapReduce 运算。

⑦ Hive：是数据仓库工具，由 Facebook 贡献。Hive 是一个基于 Hadoop 的数据仓库平台。通过 Hive，我们可以方便地进行 ETL 的工作。Hive 定义了一个类似于 SQL 的查询语言：HQL，能够将用户编写的 QL 转化为相应的 MapReduce 程序，类似于 SQL 的高级语言，用于执行对存储在 Hadoop 中数据的查询，Hive 允许不熟悉 MapReduce 的开发人员编写数据查询语句，它将会翻译为 Hadoop 中的 MapReduce 作业。类似于 Pig，Hive 是一个抽象层，适合于较熟悉 SQL 而不是 Java 编程的数据库分析师。

⑧ Sqoop：是一个连通性工具，用于在关系型数据库

和数据仓库 Hadoop 之间移动数据。Sqoop 利用数据库来描述导入 / 导出数据的模式，并使用 MapReduce 实现并行操作和容错。Sqoop 是一个用来将 Hadoop 和关系型数据库中的数据相互转移的工具，可以将一个关系型数据库（如 MySQL、Oracle、Postgres 等）中的数据导入到 Hadoop 的 HDFS 中，也可以将 HDFS 的数据导入到关系型数据库中。

⑨ Flume：是一个分布式的、具有可靠性和高可用性的服务，用于从单独的机器上将大量数据高效收集、聚合并移动到 HDFS 中。它基于一个简单灵活的架构，提供流式数据操作。它借助于简单可扩展的数据模型，允许将来自企业中多台机器上的数据移到 Hadoop 中。

⑩ Ambari：是一个集群的安装和管理工具，用来创建、管理、监视 Hadoop 的集群。Ambari 自身也是一个分布式架构的软件，由两部分组成：Ambari Server 和 Ambari Agent。简单来说，用户通过 Ambari Server 通知 Ambari Agent 安装对应的软件；Agent 会定时发送各个机器中每个软件模块的状态给 Ambari Server，最终这些状态信息会呈现在 Ambari 的 GUI 中，方便用户了解到集群的各种状态，并进行相应的维护。

⑪ Mahout：是一个分布式机器学习算法的集合，包括被称为 Taste 的分布式协同过滤的实现、分类、聚类等。Mahout 最大的优点就是基于 Hadoop 实现，把很多以前运

行于单机上的算法，转化为了 MapReduce 模式，这样大大提升了算法可处理的数据量和处理性能。

⑫ YARN：是 Hadoop 2.0 中的资源管理系统，基本设计思想是将 MRv1 中的 JobTracker 拆分成两个独立的服务：一个全局的资源调度器 ResourceManager 和每个应用程序特有的应用程序管理器 ApplicationMaster，该调度器是一个"纯调度器"，不再参与任何与具体应用程序逻辑相关的工作，而仅根据各个应用程序的资源需求进行分配，资源分配的单位用一个资源抽象概念"Container"来表示，Container 封装了内存和 CPU。此外，调度器是一个可插拔的组件，用户可根据自己的需求设计新的调度器，YARN 自身提供了 Fair Scheduler 和 Capacity Scheduler 这两个调度器。应用程序管理器负责管理整个系统中所有的应用程序，包括应用程序的提交、与调度器协商资源以启动 ApplicationMaster、监控 ApplicationMaster 运行状态并在失败时重新启动等。

⑬ Knox：是一款基于开源 Android 平台的安全解决方案。通过物理手段和软件体系相结合的方式全面增强了安全性，同时完美兼容安卓和谷歌生态系统，为企业及员工个人带来行业领先的企业移动安全解决方案。这个项目就像在 Hadoop 集群中的服务器周围构造一个大的虚拟围栏，对于可用的 Hadoop 服务只有一个安全网关可以进入。

⑭ Whirr：是一组静态库，让用户能够在 Amazon EC2、Rackspace 或任何虚拟基础架构上构建 Hadoop 集群。

⑮ BigTop：是一个正式的流程和框架，用于对 Hadoop 的子项目和相关组件进行打包和互操作性测试。

⑯ Spark：是分布式内存计算引擎，支持 ETL、机器学习、Streaming 和图计算。

⑰ Hue：是运营和开发 Hadoop 应用的图形化用户界面，功能极其强大。

1.2.2　HDFS

（1）简介

HDFS 是一个高度容错性的系统，适合部署在廉价的机器上。HDFS 能提供高吞吐量的数据访问，适合那些有着超大数据集（Large Data Set）的应用程序。

（2）设计特点

①大数据文件。非常适合上 TB 级别的大文件或者一堆大数据文件的存储。

②文件分块存储。HDFS 会将一个完整的大文件平均分块存储到不同计算器上，它的意义在于读取文件时可以同时从多个主机读取不同区块的文件，多主机读取比单主机读取效率要高得多。

③流式数据访问。一次写入多次读写，这种模式跟

传统文件不同，它不支持动态改变文件内容，而是要求让文件一次写入就不做变化，要变化也只能在文件末尾添加内容。

④廉价硬件。HDFS 可以应用在普通 PC 机上，这种机制能够让一些公司用几十台廉价的计算机就可以撑起一个大数据集群。

⑤硬件故障。HDFS 认为所有计算机都可能会出问题，为了防止某个主机失效读取不到该主机的块文件，它将同一个文件块副本分配到其他某几个主机上，如果其中一台主机失效，可以迅速找另一文件块副本读取文件。

（3）关键元素

① Block。将一个文件进行分块，通常是 64 MB。

② NameNode。保存整个文件系统的目录信息、文件信息及分块信息，是由唯一的主机专门保存的，如果这台主机出错，NameNode 就失效了。在 Hadoop 2.* 开始支持 activity-standy 模式——如果主 NameNode 失效，启动备用主机运行 NameNode。

③ DataNode。分布在廉价的计算机上，用于存储 Block 块文件。

1.2.3　MapReduce

通俗地说，MapReduce 是一套从海量源数据中提取分析元素最后返回结果集的编程模型。HDFS 完成将文件分布式存储到硬盘，这是第一步，而从海量数据中提取分析我们需要的内容就是 MapReduce 做的事情了。

MapReduce 的基本原理是：将大的数据分析分成小块逐个分析，最后再将提取出来的数据汇总分析，最终获得我们想要的内容。当然怎么分块分析，怎么做 Reduce 操作非常复杂，Hadoop 已经提供了数据分析的实现，我们只需要编写简单的需求命令即可获得我们想要的数据。

1.3 Hadoop 不同版本的变化

1.3.1 Hadoop 版本的变化

图 1–3、图 1–4 是 Hadoop 版本的变化，新架构引入了全局资源调度框架 YARN，而 MapReduce 仅作为 YARN 支持的多种计算框架之一。

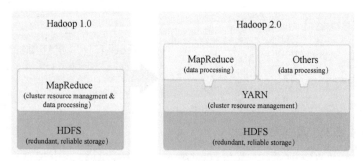

图 1–3　Hadoop 版本的变化 1

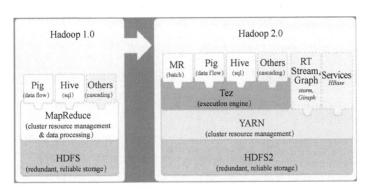

图 1-4　Hadoop 版本的变化 2

1.3.2　HDFS → HDFS2

（1）HDFS 设计目标

①应对硬件错误，硬件错误是常态而不是异常。

②大文件支持，支持 TB 级大小的单文件。

③流式数据访问，是数据批处理优化，而不是用户交互处理优化。

④简单的一致性模型，采用"一次写入多次读取"的文件访问模型。

⑤移动计算比移动数据更划算，应对 I/O 瓶颈问题。

（2）HDFS 设计

① HDFS 采用 Master/Slave 架构（图 1-5）。架构包含 1 个 Master 节点 NameNode 和多个 DataNode。

NameNode 除负责处理文件或目录操作（如打开、关闭、重命名文件或目录等）外，还管理文件与 Block 的对应关系及 Block 与 DataNode 的对应关系。

DataNode 负责存储数据、处理客户端读写请求，并在 NameNode 统一调度下进行数据块创建、删除和复制。

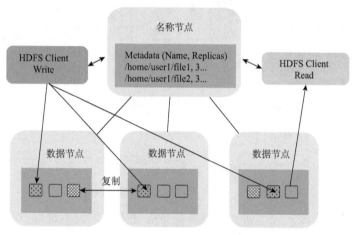

图 1-5　HDFS 采用的 Master/Slave 架构

（3）HDFS 小结

HDFS 存在 2 个最为严重的问题：一是 NameNode 单点故障；二是集群容量与性能。只有 1 台 NameNode 且所有文件操作都需 NameNode 参与时，一旦 NameNode 出现故障，整个 HDFS 将无法工作。同样，由于 NameNode 参与所有文件操作，当集群节点数量变大后，NameNode 易成为整个集群性能的瓶颈。集群性能受限于 NameNode 数量，其容量还受限于 NameNode 内存的大小。

（4）HDFS2 设计

NNHA 方案：针对 HDFS 中的 NameNode 单点故障问题，在 Hadoop 2.0 中为 HDFS 增加了 NNHA 功能，其主要原理是将 NameNode 分为 2 种角色：Active 和 Standby。Active 就是正在进行服务的 NameNode。Standby 又分 3 种情况：

① Cold Standby：是当 Active NameNode 停止运行后才启动的，它本身没有保存任何数据，所以并不会减少恢复时间。

② Warm Standby：是在 Active NameNode 停止运行前启动的，其中保存了一部分数据，所以在恢复时只需要恢复没有的数据，减少了恢复时间。

③ Hot Standby：里面保存的数据和 Active 是完全一样的，可以直接热切换到它上面继续服务。

HDFS Federation：针对 HDFS 中 NameNode 容量和性能问题，同时也是为解决单点故障提出的 NameNode 水平扩展方案。允许 HDFS 创建多个 NameSpace 以提高集群的扩展性和隔离性。

1.3.3 MapReduce 1.0 → MapReduce 2.0

图 1-6 是 MapReduce 版本的变化。

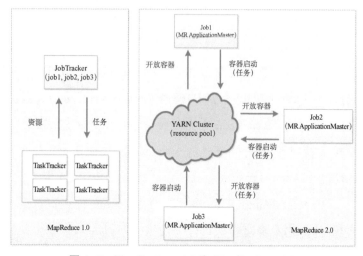

图 1-6　MapReduce 1.0 和 MapReduce 2.0

作为 Hadoop 中的计算层，MapReduce 采用 Master/Slave 架构，包括 Master 节点 JobTracker 和 Slave 节点 TaskTracker。JobTracker 负责接收作业，TaskTracker 负责上报自身所在节点资源使用情况和任务运行进度、接收 JobTracker 发送过来的命令并执行相应操作。

MapReduce 的不足：与 HDFS 类似，作为 Master/Salve 中的 Master 节点，JobTracker 也存在单点故障问题。

针对 MapReduce 功能不足问题，Hadoop 认为在原有基础上进行修补已很难解决，因此提出了全新架构，引入了全局资源调度框架 YARN，而 MapReduce 仅作为 YARN 支持的多种计算框架之一。

第 2 章

Hadoop 的 YARN、HBase、Hive 组件

Hadoop 是 Apache 软件基金会旗下的一个开源分布式计算平台，它基于 Java 语言开发，核心是 HDFS 和 MapReduce。

HDFS 具有高容错性和高扩展性等优点，允许用户将 Hadoop 部署在价格低廉的服务器上，形成分布式系统；MapReduce 分布式编程模型允许用户在不了解分布式系统底层细节的情况下开发并行应用程序。

HDFS 提供了一种通用的数据处理技术，它用大量低端服务器代替大型单机服务器，用键值对代替关系表，用函数式编程代替声明式查询，用离线批量处理代替在线处理；作为编程模型的 MapReduce 将分布式编程分为 Map 和 Reduce 两个阶段，基于 MapReduce 模型编写的分布式程序可以将一项任务分发到上千台商用机器组成的集群上，以高容错的方式并行处理大量的数据集。HDFS 和 MapReduce 共同组成了 Hadoop 分布式系统体系结构的核心，共同完

成分布式集群的计算任务。

目前，互联网领域的 Web 搜索、广告系统、数据分析和机器学习等许多任务已经在 Hadoop 集群上运行。

Hadoop 集群主要由 3 个部分组成：主节点、从节点和机器。

Hadoop 1.0 中，主节点运行 NameNode、JobTracker 等线程，从节点运行 DataNode、TaskTracker 等线程。

Hadoop 2.0 中，主要包括 4 个部分：① Hadoop Common，主要为其他模块提供基础类库。② HDFS，为生态系统提供数据存储。③ Hadoop YARN，是一个进行作业调度和资源管理的框架。④ Hadoop MapReduce，是一个并行处理大规模数据的计算框架。

分布式文件系统 HDFS 和并行处理框架 MapReduce 是 Hadoop 1.0 的两个主要组成部分，分别提供大规模数据存储和并行数据处理能力。HDFS 和 MapReduce 在 Hadoop 2.0 中都有一定的改进和提升。Hadoop YARN 是 Hadoop 2.0 新增的统一资源管理调度模块，对于 Hadoop 集群的扩展性、可靠性、资源利用率、多并行计算框架支持等方面的问题都有一定的改善。

在 Hadoop 2.0 集群中，主节点运行 ResourceManager、NameNode 等线程，从节点运行 NodeManager、DataNode 等线程。

2.1　YARN

YARN 是在 MRv1 的基础上演化而来的，它主要克服了 MRv1 在扩展性、可靠性、资源利用率和多框架等方面的各种局限性。

2.1.1　YARN 的基本组成结构

YARN 设计的基本思想是将 JobTracker 拆分成两个独立的服务：ResourceManager 和 ApplicationMaster。YARN 的基本架构如图 2-1 所示。

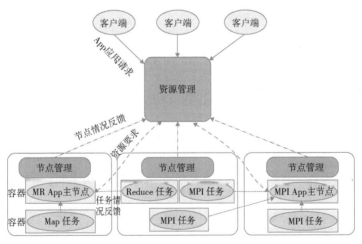

图 2-1　YARN 的基本架构

YARN 主要由 ResourceManager、NodeManager、Application-Master 和 Container 等部分组成，每部分的主要功能见表 2–1。

在 YARN 中 ResourceManager 和 NodeManager 构成了数据计算框架。

表 2–1 YARN 的组件及其功能描述

组件名称	功能描述
Resource Manager (RM)	全局的资源管理器，负责整个系统的资源管理和分配。主要包括：一个资源调度器，负责分配资源给各个正在运行的应用程序；一个应用程序管理器，负责整个系统中应用程序的启动和关闭、访问权限、资源使用期限等
Application Master (AM)	用户提交的每个应用程序均包含一个应用程序主控节点 AM，负责跟踪和管理应用程序，主要包括：①与 RM 的资源调度器协商以获取资源；②将得到的资源分配给内部任务；③与 NM 通信以启动 / 停止任务；④监控所有任务运行状态，并在任务运行失败时重新运行任务
Node Manager (NM)	负责每个节点上资源和任务的管理，主要包括：①定时向 RM 汇报本节点上的资源使用情况和各个 Container 的运行状态；②接收并处理来自 AM 的 Container 启动 / 停止等请求
Container	容器是动态资源（内存、CPU、磁盘、网络等）的分配单位，负责封装某个节点上的资源，当 AM 向 RM 申请资源时，RM 为 AM 返回的资源以 Container 表示

2.1.2　YARN 的工作流程

当用户向 YARN 提交应用程序时，YARN 分两个阶段运行该应用程序：第一个阶段启动 ApplicationMaster；第二个阶段由 ApplicationMaster 为应用程序申请资源，并监控整个运行过程，直到完成。YARN 的工作流程如图 2-2 所示，主要分为以下几个步骤。

① 用户向 YARN 提交应用程序，其中包括用户程序、启动 ApplicationMaster 命令等。

② ResourceManager 为该应用程序分配第一个 Container，并与对应的 NodeManager 通信，要求它启动应用程序的 ApplicationMaster。

③ ApplicationMaster 向 ResourceManager 注册后，为各个任务申请资源，并监控它们的运行状态，直到运行结束。

④ ApplicationMaster 采用轮询的方式通过 RPC 协议向 ResourceManager 申请和领取资源。

⑤ ApplicationMaster 申请到资源后，便与对应的 NodeManager 通信，要求它启动任务。

⑥ NodeManager 为任务设置好运行环境（环境变量、Jar 包、二进制程序等）后，将任务启动命令写到脚本中，并通过运行该脚本启动任务。

⑦ 各个任务通过某个 RPC 协议向 ApplicationMaster 汇报自己的状态和进度，可以在任务失败时重新启动任务。

⑧应用程序运行完成后，ApplicationMaster 向
ResourceManager 注销并关闭自己。

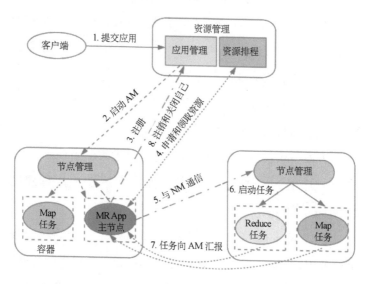

图 2-2　YARN 的工作流程

在整个工作流程中，YARN 的资源调度器主要关注的
问题是 ApplicationMaster 如何向 ResourceManager 申请和领
取资源，这是 YARN 工作的核心。

2.2　HBase

HBase 是一个可扩展性强、分布式的数据库，可为结

构化数据提供大表存储。

HBase 数据库是 NoSQL（非关系数据库）的典型代表，首先详细介绍 NoSQL 数据库的特征、功能及其相关的基础理论，为深入理解 HBase 做准备。

2.2.1　NoSQL 数据库

NoSQL 数据库是适应当前海量数据存储的一场革命。

关系数据库面临着巨大的问题和障碍，不能解决高并发读写问题，不能满足海量数据高效存储与访问、数据库高扩展性与高可用性要求。

NoSQL 数据库的理论基础主要有 CAP 理论、BASE 理论和最终一致性理论。

（1）CAP 理论

CAP（Consistency，Availability，Partion tolerance）理论是设计分布式系统的关键理论。C 是一致性（Consistency），可理解为事务的一致性或者原子性，即一个事物做与不做对整个集群中所有机器是相同的；A 是可用性（Availability），可以理解为是否可获取数据，以及获取数据的速度；P 是分区容忍度（Partion tolerance），指的是系统中的数据分布性的大小对系统的正确性、性能的影响（一定程度上就是可扩展性）。这个理论的主要思想就是这 3 个方面的要求不能够同时达到，也就是我们在实现一个分布式系统时（包括分布式数据库），不可能同时完美地实现这3个方面的要求。简单地说，这个理论即为"鱼和熊掌不可兼得"。

（2）BASE 理论

BASE（Basical，Available，Soft-state，Eventual Consistency）理论是 NoSQL 与关系数据 ACID（Atom，Consistency，Isolation，Durability）特性相对应的一大理论（在英文中，acid 是"酸"的意思，而 base 恰恰是"碱"的意思）。从英文名称可以得知，BASE 的要求是：存储基本可用（支持部分分区失败）；使用无状态链接，支持异步链接（软状态、柔性事务）；最终一致性要求（不要求强一致性）。该理论中前两个特征主要对应 NoSQL 的伸缩性和可靠性，最后一个特征则对应 NoSQL 大型分布式应用的可用性设计要求。其主要思想就是牺牲强一致性，获得高可靠性和可用性。

（3）最终一致性理论

最终一致性理论是 NoSQL 数据块关于一致性问题的指导理论之一，分为强一致性、弱一致性、最终一致性。

作为新型的下一代数据库，NoSQL 数据库系统主要解决以下要点：非关系型的、分布式的、开源代码的、水平可扩展的。NoSQL 数据库往往具有无架构、易于复制、简单的 API、最终一致、大数据量等特点。目前有 25 种以上的 NoSQL 数据库，各有各的特点，是基于不同应用场景而开发的，其中 MongoDB 和 Redis 最受欢迎。

2.2.2　HBase 分布式数据库

（1）HBase 数据模型

HBase 是一个非关系数据库，用户的数据都存储在一个按行键排序的多维映射表中。HBase 的表由行和列组成，其结构如表 2-2 所示。数据存储在被行列分割成的一个个单元格中，每个单元格都可存储若干个版本的数据，版本号默认是数据写入的时间戳。将所有格式的数据统一使用二进制码来存储，数据的具体格式依靠用户自己维护。使用二进制码进行存储有两个重要的好处：首先，所有的数据都可以转换成二进制的形式，避免了格式的存储问题；其次，转化后的数据可以直接进行序列化，可方便用于RPC 通信。在表中，按每行的键值（Rowkey）对行进行排序，行的键也是字节数组，同一表中的行按字节序排序。

表 2-2　HBase 结构

Rowkey	TimeStamp	Column "A"		Column "B"
row1	T1	A:a1	A:a2	B:v1
	T2	A:a11	A:a22	
row2	T1	A:c1	A:d1	B:v2

为了能够更加有效地利用磁盘及对存储数据进行灵活

的访问控制，HBase 设计者在表结构中增加了"列族"的划分。每个表中划分为若干个"列族"（Column Family），列族中又可以分成若干小列（Column Qualifier）。这些小列是列族的成员，成员使用列族名作为前缀，例如，列族为 A 的小列 a1 格式则为 A:a1。行中的列族名称及属性是 HBase 表的模式（Scheme）的主要内容，也可以在建表之后动态地创建和删除，而列族内的小列成员只要列族存在，便随时可添加，使用起来更加灵活。在物理存储上，HBase 默认将相同列族的数据存储在一起，调优和存储都是在列族这一层次上进行的，因此 HBase 也成为面向列族的存储系统。HTable 的存储逻辑结构如图 2-3 所示。

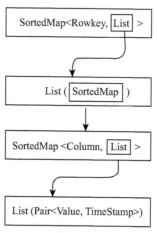

图 2-3　HTable 的存储逻辑结构

在表的逻辑结构中，为了动态地扩展表，HBase 自动把表水平划分成"区域"（Region）。每个区域由表中行的子集构成。每个区域由它所属的表、它所包含的第一行及其最后一行（不包括这行）来表示。一开始，每个表只有一个区域，但是随着数据量增加，区域开始变大，等到其大小超出设定的阈值，便会在某行的边界上把表分成两个大小基本相同的新分区。在第一次划分之前，所有加载的数据都放在原始区域所在的那台服务器上，随着表变大，区域的个数也会增加，同一个表的区域逐渐扩散到整个集群中。在 HBase 集群中，区域是分发存储数据的最小单位，即单个区域不能跨节点存储。通过这种方式，一个因为太大而无法存放在单台服务器上的表会被放在服务器集群上，其中每个节点都负责管理表的所有区域的一个子集，在线的所有区域按次序排列就构成了表的所有内容。

（2）HBase 体系结构及存储方式

同 Hadoop 一样，HBase 也是 Apache Hadoop 旗下的顶级项目，因此也采用主从式的 Master-Slave 结构，分别由 Master 和 RegionServer 群构成，另外 HBase 还包括一个 ClientLibrary 组件，该组件主要用于客户端访问 HBase 时缓存目录信息。具体架构如图 2-4 所示。

Master 服务器是 HBase 中的管理节点，不存储用户的数据，其主要功能包括：

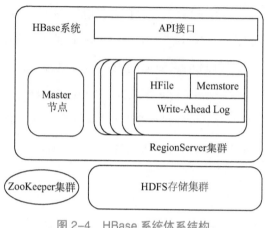

图 2-4　HBase 系统体系结构

①负责将 Region 分配给 RegionServer，并实现各 RegionServer 的简单负载平衡。

②动态加载或者卸载 RegionServer 机器。

③管理 HBase 表的 Schema 定义。

HBase 中有多个 Master 节点，但只有一个处于服务状态，其他 Master 都处于 Backup 状态，这些 Master 的配置和管理内容高度一致，一旦正在服务的 Master 崩溃，其他机器可以进行无缝切换。由于 HBase 需要提供实时服务，系统的安全性和稳定性十分重要，因此与 HDFS 组织的结构相比，此处的 Master 节点仅具有部分管理功能，并不参与客户端的访问。HBase 使用善于一致性服务的 ZooKeeper 来维护 HBase 数据存储的根目录，并负责当前集群各节点地址等重要信息的管理。

HBase 的 Slave 集群是建立在 HDFS 的 DataNode 存储系统之上的，称为 RegionServer 集群。每一台 RegionServer 都存储着若干个 Region。RegionServer 将以一个或多个 HFile 文件的形式透明地存储到本地的 HDFS 上。Region 本身并不做备份，而是由 HDFS 进行备份和冗余操作以保障数据的安全性。

（3）HBase 数据访问过程

HBase 的访问过程涉及 HBase 内部表的组织形式，它使用两个特殊的内置表来索引所有的用户表，分别是 -ROOT- 表和 .META. 表，这两个表也被称为 CatalogTable。从存储结构和操作方法的角度来说，它们和其他 HBase 的表没有任何区别，可以认为这就是两张普通的表，对普通表的操作对它们都适用。与众不同的地方是，HBase 用它们来存储一个重要的系统信息：区域（Region）的分布情况及每个 Region 的详细信息，且 -ROOT- 表的区域不可分割，仅有一个 Region。

HBase 内部表的组织形式是以 -ROOT- 表为根的树状结构，如图 2-5 所示，因此客户端的访问也是从根目录开始递归查找相关用户表。

在 HBase 集群中的客户端访问要比对 HDFS 的访问更加复杂。客户端对 HBase 表的每个行操作要进行 3 次远程访问，才能建立与用户表的连接，如图 2-6 所示。

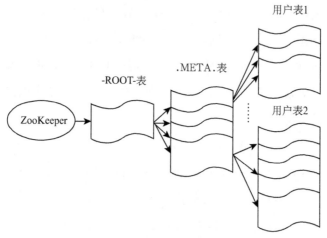

图 2-5　HBase 表的组织形式

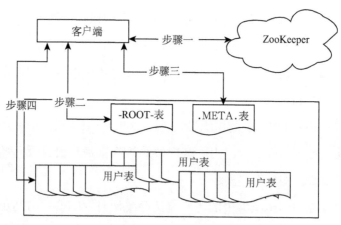

图 2-6　客户端访问 HBase 用户表的流程示意

① 访问 ZooKeeper。HBase 使用 ZooKeeper 来维护 -ROOT- 表的位置，因此，客户端访问先要通过连接 ZooKeeper，获得 -ROOT- 表的位置。

② 访问 -ROOT- 表。通过 -ROOT- 表获取所请求的行所在的范围所属的 .META.Region 的位置。用户将访问的表名、所请求行的 rowkey（简称为"r1"）发送到 -ROOT- 表，系统先将这两项信息计算成 .META. 表中某行的 rowkey（简称为"r2"），然后再使用 .META. 表的表名及该 r2 生成一个 -ROOT- 表的 rowkey（简称为"r3"）。最后使用 r3 去匹配 -ROOT- 表中的行，直到找到该 r3 大于或等于某一行的 rowkey 但却小于下一行的 rowkey 时，就将该 rowkey 对应行中存放的 .META. 表 Region 信息返回给客户端。

③ 访问 .META. 表。在第二步获得用户表信息所在的 .META. 表的信息后，即访问该 Region，获得用户表所在的 RegionServer 及相关信息。

④ 此时，客户端便可以对用户表进行访问了。为了简化不必要的操作，客户端在第一次访问用户表时会缓存 -ROOT- 表、.META. 表相关 Region 的位置和所访问的用户表空间 Region 的开始行与结束行。

建立连接后，客户端便可以按需要对 HBase 的表进行操作而无须关心存储的细节。与 Hadoop 相同，HBase 也提供了多种形式的接口供用户使用。对表的操作也类似于关系数据库，可以对表进行创建、读取、更新、删除等操作。

2.3 Hive 数据仓库系统

Hive 是一个基于 Hadoop 的数据仓库平台和 SQL 基础结构，是 Facebook 在 2008 年 8 月开始开源的一个数据仓库框架。Hive 将数据存储在 Hadoop 中的 HDFS 文件系统中，并提供了一套类似于关系型数据库的处理机制。Hive 采用了一种类 SQL 语言——HiveQL，对数据进行管理，经过解析和编译，这种 HiveQL 最终生成基于 Hadoop 的 MapReduce 任务。最后，Hadoop 通过执行这些任务完成查询任务和数据处理。

和传统的数据库相比，Hive 也是将数据存储于表中，表的每一列都有一个相关的类型。Hive 支持常见的原语类型并支持复合类型。再加上其查询语言与 SQL 极其相似，因此，Hive 很容易被用户接受并掌握。

Hive 采用了 RCFile(Record Columnar File) 这种数据存储结构。RCFile 基于 HDFS，每个表可能占用多个 HDFS 块，而每个 HDFS 块中的所有记录又分成多个行。RCFile 通过采用对表格数据的不同压缩算法、数据追加、限制行组大小等机制，使得 Hive 能够很好地满足基于 MapReduce

的数据仓库所要求的 4 个条件：①快速数据加载；②快速
的查询处理；③高效的存储空间利用；④对高度动态负载
模式的较强适应性。

2.3.1　Hive 的定义

Hive 是基于 Hadoop 的一种数据仓库基础架构。它提
供了一系列的工具，可以用来进行数据提取、转化和加载
（ETL），这是一种可以查询、存储和分析存储在 Hadoop 中
的大规模数据集的机制。Hive 使用简单的类 SQL 查询语
言——HQL，它允许了解 SQL 的用户查询数据。同时，
这个语言也允许了解 Map/Reduce 的开发者开发自定义的
Mapper（任务分部计算端）和 Reducer（任务收集计算端），
来处理内置的 Mapper 和 Reducer 无法完成的复杂的分析
工作。

Hive 没有专门的数据格式。Hive 可以很好地工作在
Thrift 上，控制分隔符，也允许用户指定数据格式。

2.3.2　Hive 和数据库的异同

Hive 很多时候被理解为数据库，特别是由于 Hive 采用
了类 SQL 的查询语言 HQL，但仅仅这一点相同而已，Hive
和数据库除了拥有类似的查询语言，再无类似之处。数据
库面向实时性强的线上操作，但是 Hive 是为数据仓库而设

计的，基于这个目的，Hive 的各种设计思路和优化目标就便于理解了。Hive 和数据库的比较如表 2-3 所示。

表 2-3　Hive 和数据库的比较

查询语言	HQL	SQL
数据存储位置	HDFS	Raw Device 或 Local FS
数据格式	用户定义	系统决定
数据更新	支持	不支持
索引	无	有
执行	Map/Reduce	Executor
执行延迟	高	低
可扩展性	高	低
数据规模	大	小

（1）查询语言

由于 SQL 被广泛地应用在数据仓库中，Hive 拥有自己独特的类 SQL 查询语言 HQL。既有其针对性，又可让大多数数据仓库使用者快速上手，便于开发。

（2）数据存储位置

数据库可将数据保存在本地文件系统中或依赖本地存储设备完成文件存储。而 Hive 是基于 Hadoop 开发的，所有 Hive 的数据都存储在 HDFS 中。

（3）数据格式

Hive 中没有定义专门的数据格式，数据格式可以由用户指定，用户需指定 3 个属性：列分隔符（如"\t"、空格、"\x001"）、行分隔符（如"\n"）及读取文件数据的方法（默认 TextFile、SequenceFile、RCFile）。加载数据的过程中，不需要从用户数据格式到 Hive 定义数据格式的转换，因此，Hive 在加载过程中不会对数据本身进行任何修改，而只是将数据内容复制或者移动到相应的 HDFS 目录中，因此保留了数据仓库的完整性，也拥有了更快的加载数据的速度。而在数据库中，不同的数据库有不同的存储引擎，定义了自己的数据格式。所有数据都会按照一定的组织存储，因此，数据库加载数据的过程会比较耗时。

（4）数据更新

Hive 中不支持对数据的改写和添加，所有的数据都是在加载的时候确定好的。原因很明确，因为 Hive 是针对数据仓库的应用，而数据仓库注重数据的完整保存和不丢失非覆盖，所以读多写少，由此增加操作效率及读写锁效率。而数据库中的数据通常是需要经常进行修改的，其也配备支持了这方面的语句，如 insert into、update into 等。

（5）索引

既然在数据载入过程中 Hive 不做任何操作处理，不改变格式，不对数据进行扫描，可以视为当作黑箱货物在执行搬运，那么也就无法分析数据中的 Key 并建立索引。Hive 被要求提取访问某个满足条件的特定值时，往往需要扫描全部数据，无捷径可走，这往往导致较高的访问延迟。在使用了 Map/Reduce 计算策略后，Hive 可以并行访问数据，当执行针对大规模数据的访问时，虽然没有索引支持，但仍可体现出其并行优势。而索引在数据库中使用就极为广泛，针对一个或者几个列建立索引，对于少量特定条件的数据访问，数据库可以有很高的效率、较低的延迟，在小规模小数量级实时查找的反应效率上，Hive 是没有可比性的，其高访问延迟导致其不适合在线数据查询操作，而更专精于大批量大吞吐量的分析计算。

（6）执行

Hive 中大多数查询的执行是通过 Hadoop 提供的 Map/Reduce 来实现的（类似 select * from tbl 的查询不需要 Map/Reduce）。而数据库提供专门的执行引擎。

（7）执行延迟

导致 Hive 高延迟性的因素有两个：首先，查询需要暴力扫描全表，没有索引支持；其次，Map/Reduce 框架中，在传输和存储部分的开销导致小量数据时耗费资源比例过大，即 Map/Reduce 框架本身具有较高的延迟。因此，基于 Map/Reduce 框架下的 Hive 查询也将体现出高延迟性的特点。相对的，在小规模数据方面，数据库的执行效率就占有绝对优势，延迟很低。反之，当数据规模大到超过数据库的处理能力时，数据库的处理瓶颈出现，这时并行计算的 Hive 就更能体现优势了。

(8) 可扩展性

由于是基于 Hadoop 的查询软件，Hive 的可扩展性和 Hadoop 是一致的（世界上最大的 Hadoop 集群在雅虎，2009 年的规模约为 4000 台节点），并且在设计之初就强调了支持高扩展性需求的功能。而数据库的扩展性非常有限，其受限于严格的 ACID 语义限制（目前最先进的并行数据库 Oracle 理论上的扩展能力只有 100 台左右）。

(9) 数据规模

Hive 支持大规模及超大规模数据的查询；数据库支持较小规模及小规模数据的查询。

2.3.3　部分查询逻辑实现举例

Hive 对缺少一个对象的查询逻辑起到了高效的支持作用，但是，有其数据特性，同时也有自己独有的优化约定，如编写不当，忽略了这些特性，可能导致低效甚至无法计算。所以，编写查询最好能够了解其运行机制。

比较普遍使用的优化约定包括：Join 中需要将大表写在靠右的位置；尽量使用 UDF 而不是 transfrom 等。下面讨论与性能和逻辑相关的问题。

（1）全排序

Hive 中所使用的排序关键字是 sort by，sort by 只能在单机数据范围实行排序，这是一把双刃剑，保证了各个被分割数据之间降低了依赖性，减少了互相等待与传输开销，但也增加了各自排序后的总体汇总操作。

在查询中没有 ReduceKey 的情况下，自动生成随机数作为 ReduceKey。将输入数据也随机地分发到不同 Reducer 上去了。可以指定分发 Key 为 ID 以保证 Reducer 之间没有重复的 ID 记录。

由于 Hive 使用默认的 HashPartitioner 分发数据，导致查询生成的记录数据列表中，ID 对应的数量是正确排序的，但是 ID 不能正确排序，这就涉及一个全排序的问题，解决的办法有以下两种。

① 不分发数据，使用单个 Reducer。set mapred.reduce.tasks=1。这种设置很容易导致 Reducer 端成为性能瓶颈，在面对庞大的数据量时，难以得出结果，计算进度缓慢。但是实际使用中，有其发挥空间，因为大部分排序并不关心整体通表排序结果，而注重于排名靠前的若干数据，此种方法可以借助 limit 子句将传输到 Reducer 端（单机）的数据记录数减少到 n（Map 的个数），有力地降低了数据量，这样就可以轻松得出结果集了。

② 修改 Partitioner，这种方法可以做到全排序。Hadoop

拥有自带的 TotalOlderPartitioner（来自于雅虎的 TeraSort 项目），该 Partitioner 提供支持跨 Reducer 分发有序数据开发。首先，使用一个 SequenceFile 格式的文件指定分发的数据区间。生成的文件可以让 TotalOlderPartitioner 按 ID 有序地分发 Reducer 处理的数据。区间文件需要考虑的主要问题是数据分发的均衡性，这有赖于对数据的深入理解。

（2）笛卡尔积

Hive 对笛卡尔积支持较弱，由于找不到 Join key，Hive 只能使用一个 Reducer 完成笛卡儿积，即不能通过 Join key 划分数据。所以，当 Hive 设定为严格模式（hive.mapred.mode=strict）时，不允许在 HQL 语句中出现笛卡尔积。

当然也可以用上面说的 limit 的办法来减少某个表参与 join 的数据量，但包含有笛卡尔积语义的需求往往是一个大表 join 一个小表，结果仍然很大（以至于无法用单机处理），这时可以使用 MapJoin 解决。

MapJoin 会把 join 的操作放在 Map 端完成，再执行 Reduce 传输，其代价是更大的内存空间消耗，MapJoin 将 join 的小表完全读入内存。

MapJoin 的语法是在查询 / 子查询的 select 关键字后面添加 /*+MAPJOIN(tablelist)*/ 优化器，将其识别并转化为 MapJoin（目前因为对表规模大小及数量把控没有精确控制，Hive 的优化器不能自动优化 MapJoin）。其中 tablelist 可以是一个表，或以逗号连接的表的列表。tablelist 中的表将会读入内存，应该将小表写在这里。

（3）exist in 子句

在 Hive 中，where 子句不支持子查询，则需要改写 SQL 常用的 exist in 子句。改写方法是比较简单直接的。例如：

```
SELECT a.key, a.value
FROM a LEFT OUTER JOIN b ON(a.key=b.key)
WHERE b.key <> NULL;
```

使用 left semi join 还可以改写为：

```
SELECT a.key, a.val
FROM a LEFT SEMI JOIN b on (a.key=b.key);
```

这样改写可获得更高的执行效率，但实际数据处理中一般较少使用，且 Hive 0.5.0 以下的版本也不支持 left semi join 特性。

（4）Hive 中 Reducer 个数的分配情况

Hadoop Map/Reducer 程序中，Reducer 的多寡极大影响计算时长及效率，Reducer 的个数少，将大大减少合并压力，所以如何控制 Reducer 的个数成为优化执行效率的重点。但 Hive 对 Reducer 个数的猜测机制相对简陋，未指定 Reducer 个数的情况下，Hive 确定 Reducer 个数基于以下两个设定：

① hive.exec.reducers.bytes.per.reducer（默认值为 10 的 9 次方）；

② hive.exec.reducers.max（默认值为 999）。

计算 Reducer 个数的公式很简单：N=min（参数 2，总输入数据量 / 参数 1）。

通常情况下，手动设定 Reducer 个数是有助于大大提高运行效率的。由于 Map 阶段的输出数据量经过了大幅排序及处理分析，会比输入有大幅减少，且为了适应各个集群的不同规模（最好一次 job 运行可以充分运用所有运算资源），因此即使不设定 Reducer 个数，重设参数 2 还是必要的。依据 Hadoop 的经验，可以将参数 2 设定为 0.95*（集群中 TaskTracker 的个数）。

（5）合并 Map/Reduce 操作

① Multi-group by：Multi-group by 极大地方便了 Hive 利用中间结果，是一个很有用的特性。

下列范例的查询语句使用了 Multi-group by 特性，且使用了不同的 group by key，对数据连续进行了 2 次 group by 操作。使用 Multi-group by 特性可以减少一次 Map/Reduce 操作。Multi-group by 代码如下：

```
FROM(SELECT a.status, b.school, b.gender
FROM status_updates a JOIN profiles b
ON(a.userid=b.userid and
a.ds='2009-03-20')
)subq1
INSERT OVERWRITE TABLE gender_summary
PARTITION(ds='2009-03-20')
SELECT subq1.gender, COUNT(1)GROUP BY subq1.gender
INSERT OVERWRITE TABLE school_summary
PARTITION(ds='2009-03-20')
SELECT subq1.school, COUNT(1)GROUP BY subq1. school
```

② Multi-distinct：Multi-distinct 是淘宝开发的另一个 Multi-××× 特性，使用 Multi-distinct 可以在同一查询 / 子查询中使用多个 distinct，这同样减少了多次 Map/Reduce 操作。

有时我们需要收集一段时间的数据来进行分析，而 Hive 就是分析历史数据绝佳的工具。要注意的是，数据必须有一定的结构才能充分发挥 Hive 的功能。用 Hive 来进行实时分析可能就不是太理想了，因为它不能达到实时分析的速度要求（实时分析可以用 HBase，Facebook 用的就是 HBase）。

第 3 章

MapReduce 入门

3.1 MapReduce 初析

MapReduce 是一个计算框架，既然是做计算的框架，那么表现形式就得有个输入（Input），MapReduce 操作这个输入（Input），通过本身定义好的计算模型，得到一个输出（Output），这个输出就是我们所需要的结果。

我们要学习的就是这个计算模型的运行规则。在运行一个 MapReduce 计算任务时，任务过程被分为两个阶段：Map 阶段和 Reduce 阶段，每个阶段都是用键值对（Key/Value）作为输入（Input）和输出（Output），而程序员要做的就是定义好这两个阶段的函数：Map 函数和 Reduce 函数。

3.2 MapReduce 运行机制

MapReduce 的运行机制可以从很多不同的角度来描述，比如，可以从 MapReduce 的运行流程来讲解，也可以从计算模型的逻辑流程来讲解。但是想弄明白 MapReduce 的运行机制，有些知识是避免不了的，一个是调入的实例对象，另一个是计算模型的逻辑定义。下面从涉及的对象（物理实体和逻辑实体）介绍 MapReduce 的运行机制。

（1）物理实体角度

从物理实体角度看，MapReduce 的运行机制如图 3-1 所示。调入 MapReduce 作业执行涉及 4 个独立的实体。

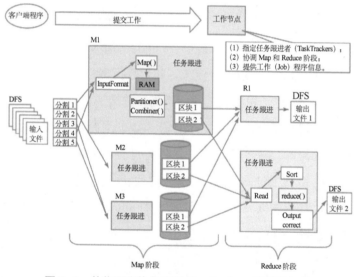

图 3-1　从物理实体角度看 MapReduce 的运行机制

①客户端（client）：编写 MapReduce 程序，配置作业，提交作业，这是程序员完成的工作。

② JobTracker：初始化作业，分配作业，与 TaskTracker 通信，协调整个作业的执行。

③ TaskTracker：保持与 JobTracker 通信，在分配的数据片段上执行 Map 或 Reduce 任务。TaskTracker 和 JobTracker 的不同所表现的很重要的方面，就是在执行任务时 TaskTracker 可以有 n 个，JobTracker 则只有 1 个 (JobTracker 只能有 1 个，像 HDFS 里 NameNode 一样，存在单点故障影响全局运行的问题)。

④ HDFS：保存作业的数据、配置信息等，最后的结果也是保存在 HDFS 上。

过程：首先是客户端要编写好 MapReduce 程序，配置好 MapReduce 的作业 (job)；接下来就是提交 job 到 JobTracker 上，这时 JobTracker 会构建这个 job，具体就是分配一个新的 job 任务的 ID 值；接下来它会做检查操作，这个检查就是确定输出目录是否存在。如果存在，那么 job 就不能正常运行下去，JobTracker 会抛出错误提示给客户端；再接下来还要检查输入目录是否存在，如果不存在同样抛出错误提示，如果存在 JobTracker 会根据输入计算输入分片 (Input Split)，如果分片计算不出来也会抛出错误提示，这些都完成以后，JobTracker 就会配置 job 需要的资源。分配好资源后，JobTracker 就会初始化作业，初始化主要是将 job 放入一个内部的队列，让配置好的作业调度器能调度到这个作业，作业调度器会初始化这个 job，初始化就是创建一个正在运行的 job 对象（封装任务和记录信息），以便 JobTracker 跟踪 job 的状态和进程。初始化完毕后，作业调度器会获取输入分片信息（Input Split），每个分片创建一个 Map 任务。接下来就是任务分配了，这时 TaskTracker 会运行一个简单的循环机制定期发送心跳给 JobTracker，心跳间隔是 5 秒，程序员可以配置这个时间，心跳就是 JobTracker 和 TaskTracker 沟通的桥梁，通过心跳，JobTracker 可以监控 TaskTracker 是否存活，也可以获取 TaskTracker 处理的状态和问题，同时 TaskTracker 也可以通过心跳里的返回值获取 JobTracker 给它的操作指令。任务分配好后就可以执行任务了。在任务执行时，JobTracker 可以通过心跳机制监控 Tasktracker 的状态和进度，同时也能计算出整个 job 的状态和进度，而 TaskTracker 也可以本地监控自己的状态和进度。当 JobTracker 获得了最后一个完成指定任务的 TaskTracker 操作成功的通知时，JobTracker 会把整个 job 状态设置为成功，然后当客户端查询 job 运行状态时（注意：这是异步操作），客户端会查到 job 完成的通知。如果 job 中途失败，MapReduce 也会有相应的机制处理。一般而言，如果不是程序员程序本身有漏洞（bug），MapReduce 错误处理机制都能保证提交的 job 能正常完成。

（2）逻辑实体角度

从逻辑实体角度看，MapReduce 的运行机制如图 3-2 所示。按照时间顺序包括：输入分片（Input Split）、Map 阶段、Combiner 阶段、Shuffle 阶段和 Reduce 阶段。

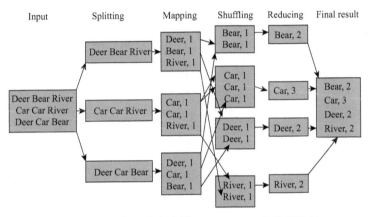

图 3-2　从逻辑实体角度看 MapReduce 的运行机制

① 输入分片（Input Split）。在进行 Map 计算之前，MapReduce 会根据输入文件计算输入分片（Input Split），每个输入分片（Input Split）针对一个 Map 任务，输入分片（Input Split）存储的并非是数据本身，而是一个分片长度和一个记录数据位置的数组，输入分片（Input Split）往往和 HDFS 的 Block（块）关系很密切，假如我们设定 HDFS 块的大小是 64 MB，如果我们输入 3 个文件，大小分别是 3 MB、65 MB 和 127 MB，那么 MapReduce 会把 3 MB 的文

件分为 1 个输入分片（Input Split），65 MB 则分为 2 个输入
分片（Input Split），而 127 MB 也分为 2 个输入分片（Input
Split）。换句话说，我们如果在 Map 计算前做输入分片调
整，如合并小文件，那么就会有 5 个 Map 任务将被执行，
而且每个 Map 执行的数据大小不均，这也是 MapReduce 优
化计算的一个关键点。

② Map 阶段。Map 阶段就是程序员编写好 Map 函数。
因此，Map 函数效率相对好控制，而且一般 Map 操作都是
本地化操作，也就是在数据存储节点上进行。

③ Combiner 阶段。Combiner 阶段是程序员可以选择的，
Combiner 其实也是一种 Reduce 操作，WordCount 里是用
Reduce 进行加载的。Combiner 是一个本地化的 Reduce 操作，
它是 Map 运算的后续操作，主要是在 Map 计算出中间文件
前做一个简单的合并重复 Key 值的操作。例如，我们对文
件里的单词频率做统计，Map 计算时如果碰到一个"Hadoop"
就会记录为 1，但是这篇文章里 Hadoop 可能会出现 n 次，
那么 Map 输出文件冗余就会很多，因此在 Reduce 计算前
对相同的 Key 值做合并操作，那么文件会变小。这样就提
高了宽带的传输效率，毕竟 Hadoop 计算中宽带资源往往
是计算的瓶颈也是最为宝贵的资源。但是 Combiner 操作是
有风险的，使用它的原则是 Combiner 的输入不会影响到
Reduce 计算的最终输入。例如，如果计算只是求总数、最

大值、最小值，可以使用 Combiner，但是做平均值计算使用 Combiner 的话，最终的 Reduce 计算结果就会出错。

④ Shuffle 阶段。将 Map 输出作为 Reduce 输入的过程就是 Shuffle，这是 MapReduce 优化的重点。下面介绍 Shuffle 阶段的原理，因为大部分的书籍中没介绍清楚。Shuffle 一开始就是 Map 阶段做输出操作。一般 MapReduce 计算的都是海量数据，Map 输出时不可能把所有文件都放到内存操作。因此，Map 写入磁盘的过程十分复杂，更何况 Map 输出时要对结果进行排序，内存开销是很大的。Map 在做输出时会在内存里开启一个环形内存缓冲区，这个缓冲区专门用来做输出操作，默认内存大小是 100 MB，并且在配置文件里为这个缓冲区设定了一个阈值，默认是 0.80（默认内存大小和阈值可以在配置文件里进行设置）。同时 Map 还会为输出操作启动一个守护线程。如果缓冲区的内存达到了阈值的 80%，这个守护线程就会把内容写到磁盘上，这个过程叫 Spill。另外的 20% 内存可以继续写入要写进磁盘的数据，写入磁盘和写入内存操作是互不干扰的。如果缓存区被撑满了，那么 Map 就会阻止写入内存的操作，让写入磁盘操作完成后再继续执行写入内存操作。写入磁盘前会有排序操作，其是在写入磁盘操作时进行的，不是在写入内存时进行的。如果我们定义了 Combiner 函数，那么排序前还会执行 Combiner 操作。每次 Spill 操作也就是写入磁

盘操作时就会写一个溢出文件，也就是说，在做 Map 输出时有几次 Spill 就会产生多少个溢出文件，等 Map 输出全部做完后，Map 会合并这些输出文件。在这个过程中，还会有一个 Partitioner 操作，对于这个操作很多人都很迷糊。其实 Partitioner 操作和 Map 阶段的输入分片（Input Split）很像，一个 Partitioner 对应一个 Reduce 作业，如果 MapReduce 操作只有一个 Reduce 操作，那么 Partitioner 就只有一个；如果有多个 Reduce 操作，那么 Partitioner 对应的就会有多个。Partitioner 因此就是 Reduce 的输入分片。程序员可以编程控制，主要是根据实际 Key 和 Value 的值，根据实际业务类型或者为了更好地 Reduce 负载均衡要求进行。这是提高 Reduce 效率的关键所在。到了 Reduce 阶段，就会合并 Map 输出文件。Partitioner 会找到对应的 Map 输出文件，然后进行复制操作。复制操作时 Reduce 会开启几个复制线程，这些线程默认个数是 5 个，程序员也可以在配置文件更改复制线程的个数。这个复制过程和 Map 写入磁盘过程类似，也有阈值和内存大小，阈值一样可以在配置文件里设置，而内存大小是直接使用 Reduce 的 TaskTracker 的内存大小。复制时 Reduce 还会进行排序操作和合并文件操作，这些操作完成后就会进行 Reduce 计算。

⑤ Reduce 阶段。和 Map 函数一样，也是程序员编写的，最终结果存储在 HDFS 上。

3.3　Map 函数和 Reduce 函数

要写一个 MapReduce 程序，先要定义一个 Map 函数和
Reduce 函数。

（1）定义 Map 函数的方法

```
public void map(Object key, Text value, Context context) throws
IOException, InterruptedException {…}
```

这里有 3 个参数，Object key、Text value 就是输入的
Key 和 Value；Context context 这是可以记录输入的 Key 和
Value，如 context.write(word, one)。此外，context 还会记录
Map 运算的状态。

（2）定义 Reduce 函数的方法

```
public void reduce(Text key, Iterable<IntWritable> values, Context
context) throws IOException, InterruptedException {…}
```

Reduce 函数的输入也是 Key/Value 的形式，不过它的
Value 是以迭代器的形式 Iterable<IntWritable> values，也就
是说 Reduce 的输入是一个 Key 对应一组值的 Value，Reduce
也有 context，和 Map 的 context 作用一致。

3.4　Mapper 和 Reducer 抽象类

　　Mapper 抽象类是一个泛型，有 4 种参数类型，分别指定 Map 函数的输入键、输入值、输出键、输出值。例如：

```
public class WordCountMapper extends Mapper<Object, Text,
Text, IntWritable>{…}
```

　　Hadoop 规定了一套可用于网络序列优化的基本类型，而不是使用内置的 Java 类型，这些都在 org.apache.hadoop.io 包中定义，上面使用的 Text 类型相当于 Java 的 String 类型。

　　Reducer 抽象类的 4 种参数类型指定了 Reduce 函数的输入和输出类型。例如：

```
public class WordCountReducer extends Reducer<Text, IntWritable,
Text, IntWritable> {…}
```

　　接下来在 main 方法里定义运行作业，定义一个 job，并控制 job 如何运行等。Hadoop 的复杂在于 job 的配置有着复杂的属性参数，如文件分割策略、排序策略、Map 输出内存缓冲区的大小、工作线程数量等，深入理解掌握这些参数才能使 MapReduce 程序在集群环境中运行得最优。

3.5　MapReduce 的最小驱动类

写 MapReduce 程序时，MapReduce 都写驱动类是一个体力活。如果 MapReduce 程序不是很复杂，驱动类其实可以用默认参数设置，而没必要自己书写。下面就把 MapReduce 最小驱动类写出来，即默认参数。

MapReduce 中最小驱动配置指的是没有 Mapper 和 Reducer 的配置。

针对 MapReduce 程序，结果分析如下：

最小配置的 MapReduce：读取输入文件中的内容，输出到指定目录的输出文件中，此时文件中的内容为：

Key：原输入文件每行内容的起始位置；

Value：输入文件每行的原始内容。

所以，输出文件的内容为：key + \t + value。

MapReduce 最小驱动即为调用 MiniMapReduceDriver 类。例如：

```
Job job = newJob(conf,"Dedup");
job.setJarByClass(Dedup.class);
FileInputFormat.addInputPath(job, new Path(otherArgs[0]));
```

FileOutputFormat.setOutputPath(job, new Path(otherArgs[1]));

System.exit(job.waitForCompletion(true) ? 0 : 1);

3.6 MapReduce 的输入与输出

3.6.1 MapReduce 的输入 InputFormat

InputFormat 类 的 层 次 结 构 如 图 3–3 所示。TextInputFormat 是 InputFormat 的默认实现方式，对输入数据中没有明确 Key/Value 时很有效，其返回的 Key 表示这行数据的偏移量，Value 为行的内容。

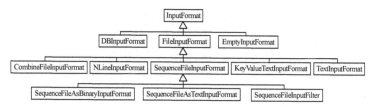

图 3–3 Hadoop MapReduce 自带 InputFormat 实现的类层次结构

3.6.2 MapReduce 的输出 OutputFormat

OutputFormat 类的层次结构如图 3–4 所示。与 InputFormat 相似，OutputFormat 大多数继承自 FileOutFormat，但 NullOutputFormat 和 DBOutputFormat 除外。其默认格式为 TextOutputFormat。OutputFormat 提供了对 RecordWriter 的

实现，从而指定了如何序列化数据。RecordWriter 类可以处理包含单个键值对的作业，并将结果写入 OutputFormat 已准备好的位置。RecordWriter 主要通过 Write 和 Close 两个函数实现。Write 函数从 MapReduce 作业中取出键值对，并将其字节写入磁盘。Close 函数会关闭 Hadoop 到输出文件的数据流。

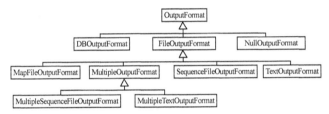

图 3-4　Hadoop MapReduce 自带 OutputFormat 实现的类层次结构

我们在编写 Map 函数时发现，Map 方法的参数是操作行数据，没有涉及 InputFormat，其实这些在我们 new Path 时 MapReduce 计算框架就帮我们做好了，而 OutputFormat 也是 Reduce 帮我们做好了。我们使用什么样的输入文件，就要调用什么样的 InputFormat，InputFormat 是和我们输入文件的类型相关的。MapReduce 里常用的 InputFormat 包括：FileInputFormat（普通文本文件）、SequenceFileInputFormat（Hadoop 的 序 列 化 文 件）、KeyValueTextInputFormat。OutputFormat 是我们想最终存储到 HDFS 系统上的文件格式，这个根据自己的需要定义，Hadoop 支持很多文件格式。

3.7　自定义 Writable 和 WritableComparable

　　Writable 抽象接口（图 3–5）定义了 write 及 readFields 方法，是写入数据流及读取数据流。而 WritableComparable 也是一个抽象接口，只比 Writable 多了一个 compareTo 方法定义比较，compareTo 的用途是为了确定是不是相同的 Key。因此，Hadoop 中，Key 的数据类型必须实现 WritableComparable，而 Value 的数据类型只需要实现 Writable 即可。能做 Key 的一定可以做 Value，能做 Value 的未必能做 Key。

　　Writeable 接口对 Java 基本类型提供了封装，short 和 char 除外。所有的封装包含 get() 和 set() 两种方法，用于读取和设置值。

　　Hadoop 自带一系列有用的 Writable 实现方式，可以满足绝大多数用途。但有时我们需要自己编写自定义实现。通过自定义 Writable，我们能够完全控制二进制表示和排序顺序。Writable 是 MapReduce 数据路径的核心，所以调整二进制表示对其性能有显著影响。现有的 Hadoop Writable 应用已得到很好的优化，但为了应付更复杂的结构，最好创建一个新的 Writable 类型，而不是使用已有的类型。

通常是继承 WritableComparator，而不是直接实现 RawComparator，因为它提供了一些便利的方法和默认实现方式。

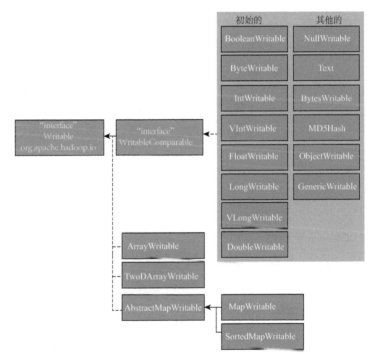

图 3-5　Writable 抽象接口

3.8 技术详解

3.8.1 Combiner 详解

每一个 Map 都可能产生大量的本地输出，Combiner 的作用就是对 Map 端的输出先做一次合并，以减少在 Map 和 Reduce 节点之间的数据传输量，以提高网络 I/O 性能，是 MapReduce 的优化手段之一。

① Combiner 最基本的是实现本地 Key 的聚合，对 Map 输出的 Key 排序、Value 进行迭代。

② Combiner 还有本地 Reduce 功能（其本质上就是一个 Reduce）。

③ 如果不用 Combiner，那么所有的结果都会在 Reduce 端完成，效率比较低，并且会占用很多的网络 I/O；使用 Combiner 前先完成在 Map 端的本地聚合，可以减少网络传输数据量，提高性能。

但是，不要以为在写 MapReduce 程序时设置了 Combiner，就认为其一定会起作用，实际情况不是这样的。Hadoop 文档中也有说明 Combiner 可能被执行也可能不被执行。如果在当前集群很繁忙的情况下，job 就算设置了也不会执行 Combiner。

还要注意，Combiner 使用合适的话，会提高 job 作业的执行速度，但是使用不合适的话，会导致输出的结果不正确。Combiner 的输出是 Reduce 的输入，它绝不会改变最终的计算结果。例如，在汇总统计时，可以使用 Combiner，但是在求平均数时，就不适用了。

最后，我们来看一下 Combiner 的执行时机。Combiner 函数的执行时机可能会在 Map 的 merge 操作完成之前，也可能在 merge 之后，这个时机由配置参数 min.num.spill. for.combine(该值默认为 3) 决定。也就是说，在 Map 端产生的 Spill 文件最少在 min.num.spill.for.combine 的情况下，Combiner 函数会在 merge 操作合并最终的本机结果文件之前执行，否则在 merge 之后执行。通过这种方式，就可以在有很多 Spill 文件并且需要做 combine 时，减少写入本地磁盘的数据量，同样也减少了对磁盘的读写频率，可以起到优化作业的目的。

3.8.2　Partitioner 详解

Partitioner 是对 Map 进行分拆，发给 Reduce 的过程。Partitioner 要解决的问题是一个 Map 产生的数据如何写入不同的文件，并且让这些操作并行执行。应用场景：在对海量 URL 进行分析的时候，要对相同站点下的 URL 打散分拆处理。

（1）原理和作用

得到 Map 给的记录后，该分配给哪些 Reducer 来处

理呢？Hadooper 采用的默认派发方式是根据散列值来派
发的，但是实际中，这并不能很高效或者按照我们的要
求去执行任务。例如，经过 Partitioner 处理后，一个节点
的 Reducer 分配到了 20 条记录，另一个却分配到了 10 万
条记录，试想，这种情况效率如何。又或者，我们想要
处理后得到的文件按照一定的规律进行输出，假设有两
个 Reducer，我们想要最终结果 part-00000 中存储的是"h"
开头的记录结果，part-00001 中存储其他开头的结果，这
些默认的 Partitioner 是做不到的。所以需要我们自己定
制 Partitioner 来根据要求，选择记录的 Reducer。自定义
Partitioner 很简单，只要自定义一个类，并且继承 Partitioner
类，重写 getPartition 方法就好了；在使用时通过调用 job
的 setPartitionerClass 指定一下即可。Map 的结果，会通过
Partitioner 分发到 Reducer 上。

（2）使用

如何使用 Hadoop 产生一个全局排序的文件？最简单
的方法就是使用一个分区，但是该方法在处理大型文件时
效率极低，因为一台机器必须处理所有输出文件，从而完
全丧失了 MapReduce 所提供的并行架构的优势。事实上我
们可以这样做：首先，创建一系列排好序的文件；其次，
串联这些文件（类似于归并排序）；最后，得到一个全局
有序的文件。主要的思路是使用一个 Partitioner 来描述全局

排序的输出。例如，有 1000 个 1 ~ 10 000 的数据，执行 10 个 Ruduce 任务，如果我们进行 Partition 时，能够将 1 ~ 1000 的数据分配到第一个 Reducer 中，1001 ~ 2000 的数据分配到第二个 Reducer 中，以此类推。即第 n 个 Reducer 所分配到的数据全部大于第 $n-1$ 个 Reducer 中的数据。这样，每个 Reduce 出来之后都是有序的了，我们只要用 cat 命令处理所有的输出文件，变成一个大的文件，并且都是有序的了。

3.8.3　Distributed FileSystem 详解

HDFS（Hadoop Distributed FileSystem）是一种专门为 MapReduce 这类框架下大规模分布式数据处理而设计的文件系统。可以把一个大数据集（100 TB）在 HDFS 中存储为单个文件，大多数其他的文件系统无力实现这一点。

（1）数据块（Block）

HDFS（Hadoop Distributed FileSystem）默认的最基本的存储单位是 64 MB 的数据块。和普通文件系统相同的是，HDFS 文件系统中的数据是被分成 64 MB 的数据块存储的。不同于普通文件系统的是，HDFS 中，如果一个文件小于一个数据块的大小，并不占用整个数据块存储空间。

（2）元数据节点（NameNode）、从元数据节点（Secondary NameNode）和数据节点（DataNode）

元数据节点（NameNode）用来管理文件系统的命名空

间，其将所有文件和文件夹的元数据保存在一个文件系统树中。这些信息也会在硬盘上保存成以下文件：命名空间镜像（NamespaceImage）及修改日志（EditLog）。其还保存了一个文件包括哪些数据块，分布在哪些数据节点上。然而这些信息并不存储在硬盘上，而是在系统启动时由数据节点收集而成。

从元数据节点（secondaryNameNode）并不是元数据节点出现问题时的备用节点，它与元数据节点分别负责不同的工作。其主要功能就是周期性将元数据节点命名空间的镜像文件和修改日志文件合并，以防日志文件过大。合并后的命名空间镜像文件也在从元数据节点保存了一份，以防元数据节点失败时，可以恢复。

数据节点（DataNode）是文件系统中真正存储数据的地方。客户端（client）或者元数据信息（NameNode）可以向数据节点请求写入或者读出数据块。其周期性地向元数据节点汇报其存储的数据块信息。

（3）HDFS 的设计目标和特点

①假设节点失效是常态（因为大部分用的是廉价机），目标任何一个节点失效都不影响 HDFS 的使用，HDFS 可以自动完成副本的复制。

②简单一致性模型，假设一次写入多次读取模块（也就是数据源几乎不修改）。

③流式数据访问。

④不支持文件并发写入。

⑤不支持文件修改。

⑥轻便的访问异构的软硬件平台（也就是有很多接口可以实现与其他数据库软件框架之间的相互访问）。

⑦ HDFS 不适合存储小文件。

⑧ HDFS 不适合大量随机读。

⑨ HDFS 不适合需要经常对文件修改的应用场景。

3.9　Hadoop 工具介绍

（1）什么是 Hadoop Rumen

Hadoop Rumen 是为 Hadoop MapReduce 设计的日志解析和分析工具，它能够将 JobHistory 日志解析成有意义的数据并进行格式化存储。Rumen 可以单独使用，但通常作为其他组件的基础库，如 GridMix (v3) 和 Mumak。

（2）Hadoop Rumen 设计动机

对于任何一个工作在 Hadoop 之上的外部工具，分析 JobHistory 日志都是必须的工作之一。基于这点考虑，Hadoop 应内嵌一个 JobHistory 日志分析工具。

统计分析 MapReduce 作业的各种属性，如任务运行时间、任务失败率等，通常是基准测试或者模拟器必备的功能。Hadoop Rumen 可以为任务生成 Cumulative Distribution Functions (CDF)，这可以用于推断不完整的、失败的或者丢失的任务。

（3）Hadoop Rumen 基本构成

Hadoop Rumen 已经内置在 Apache Hadoop 1.0（包括 0.21.x，0.22.x，CDH3）之上的各个版本中，位于 org.apache.hadoop.tools.rumen 包中，通常被 Hadoop 打包成独立的 jar 包 hadoop-tools-[VERSION].jar。Hadoop Rumen 由两部分组成：

① Trace Builder：将 JobHistory 日志解析成易读的格式，当前仅支持 json 格式。Trace Builder 的输出被称为 job trace（作业运行踪迹），我们通过 job trace 很容易模拟（还原）作业的整个运行过程。

② Folder：将 job trace 按时间进行压缩或者扩张。这还是为了方便其他组件使用，如 GridMix (v3) 和 Mumak。Folder 可以将作业运行过程进行等比例缩放，以便在更短的时间内模拟作业运行过程。

3.10 Counter 计数器和自定义 Counter 计数器

（1）计数器

计数器是用来记录 job 的执行进度和状态的。它的作

用可以理解为日志。我们通常可以在程序的某个位置插入
计数器，用来记录数据或者进度的变化情况。计数器是一
种收集系统信息的有效手段，用于质量控制或应用级统
计，可辅助诊断系统故障。计数器可以比日志更方便地统
计事件发生次数。

（2）内置计数器

Hadoop 为每个作业维护若干内置计数器，主要用来记
录作业的执行情况。内置计数器包括：

① MapReduce 框架计数器（MapReduce Framework）；

② 文件系统计数器（FileSystemCounters）；

③ 作业计数器（Job Counters）；

④ 文件输入格式计数器（File Input Format Counters）；

⑤ 文件输出格式计数器（File Output Format
Counters）。

计数器由其关联的 Task 进行维护，定期传递给
TaskTracker，再由 TaskTracker 传给 JobTracker。因此，计
数器能够被全局地聚集，内置计数器实际由 JobTracker 维
护，不必在整个网络发送。一个任务的计数器值每次都是
完整传输的，仅当一个作业执行成功之后，计数器的值才
完整可靠。

（3）自定义 Java 计数器

MapReduce 允许用户自定义计数器，MapReduce 框架

将跨所有 Map 和 Reduce 聚集这些计数器，并在作业结束时产生一个最终的结果。计数器的值可以在 Mapper 或者 Reducer 中添加。多个计数器可以由一个 Java 枚举类型来定义，以便对计数器分组。一个作业可以定义的枚举类型数量不限，各个枚举类型所包含计数器的数量也不限。枚举类型的名称即为组的名称，枚举类型的字段即为计数器名称。

（4）计数器使用

① WebUI 查看（50030，50070）。

②命令行方式：hadoop job-counter。

③使用 Hadoop API。

通过 job.getCounters() 得到 Counters，而后调用 counters.findCounter() 方法得到计数器对象。

第 4 章

基于 Hadoop 二次开发实战

4.1　MapReduce 的优化

在编写 MapReduce 应用程序时，除了最基本的 Map 模块、Reduce 模块和驱动方法之外，用户还可以通过一些技巧优化作业以提高其性能。对用户来说，合理地在 MapReduce 作业中对程序进行优化，可以极大地提高作业的性能，减少作业执行时间。下面从以下几个方法分析 MapReduce 作业的优化方法。

（1）选择 Mapper 的数量

Hadoop 平台在处理大量小文件时性能比较逊色，主要由于生成的每个分片都是整个文件，Map 操作时只会处理很少的输入数据，但是会产生很多 Map 任务，每个 Map 任务的运行都包括产生、调度和结束时间，大量的 Map 任务会造成一定的性能损失。可以通过任务 Java 虚拟机（JVM）重用来解决这个问题，默认每个 JVM 只运行一个任务，使用 JVM 重用后，一个 JVM 可以顺序执行多个任务，减少了启动时间。控制 JVM 的属性是 mapred.job.reuse.jvm.num.tasks，它指定作业每个 JVM 运行任务的最大数量，默认为 1。可以通过 JonConf 的 setNumTasksToExecutePerJvm() 方法设置，若设置为 -1，则说明统一作业中共享一个 JVM 任务的数量不受限制。

如果输入的文件过大，还可以通过将 HDFS 上的数据块大小增大，如增加到 256 MB 或 512 MB，以减少 Mapper 数量，可以通过运行参数(-Ddfs.block.size = $[256*1024 × 1024])将块大小增大到 256 MB。

（2）选择 Reducer 的数量

在 Hadoop 中默认是运行一个 Reducer，所有的 Reduce 任务都会放到单一的 Reducer 中去执行，效率非常低。为了提高性能，可以适当增大 Reducer 的数量。

最优 Reducer 数量取决于集群中可用的 Reducer 任务槽的数目。Reducer 任务槽的数目是集群中节点个数与 mapred.tasktracker.reduce.tasks.maximum（默认为 2）的乘积，也可以通过 MapReduce 的用户界面获得。

一个普遍的做法是将 Reducer 数量设置为比 Reducer 任务槽数目稍微小一些，这会给 Reducer 任务留有余地，同时将使得 Reducer 能够在同一波中完成任务，并在 Reducer 阶段充分使用集群。

Reducer 的数量由 mapred.reduce.tasks 属性设置，通常在 MapReduce 作业的驱动方法中通过 setNumReduceTasks(n) 调用方法动态设置 Reducer 的数目为 n。

（3）使用 Combiner 函数

Combiner 过程是一个可选的优化过程，如果这个过程适合自己的作业，Combiner 实例会在每个运行 Map 任务的节点上运行，它会接收本节点上 Mapper 实例的输出作为输入，然后 Combiner 的输出会被发送到 Reducer，而不是发送 Mapper 的输出。Combiner 是一个"迷你 Reduce"过程，它是用 Reducer 接口来定义的，只对本节点生成的数据进行规约。

（4）压缩 Map 的输出

在 Map 任务完成后对将要溢写入磁盘的数据进行压缩是一种很好的优化方法，它能够使数据写入磁盘的速度更快，节省磁盘空间，减少需要传送到 Reducer 的数据量，以达到减少 MapReduce 作业执行时间的目的。

在使用 Map 输出压缩时需要考虑压缩格式的速度最优与空间最优的协调。通常来说，gzip 和 zip 是通用的压缩工具，在时间 / 空间处理上相对平衡；bzip2 更有效，但速度较慢，且解压缩速度快于它的压缩速度；LZO 压缩使用速度最优算法，但压缩效率稍低。我们需要根据 MapReduce 作业及输入数据的不同进行选择。

（5）为数据使用最合适和简洁的 Writable 类型

① Text 对象在非文本或混合数据中使用。当一个开发者是初次编写 MapReduce，或是从开发 Hadoop Streaming 转到 Java MapReduce，会经常在不必要的时候使用 Text 对象。尽管 Text 对象使用起来很方便，但它在由数值转换到文本或是由 UTF8 字符串转换到文本时都是低效的，且会消耗大量的 CPU 时间。当处理那些非文本的数据时，可以使用二进制的 Writable 类型，如 IntWritable、FloatWritable 等。除了避免文件转换的消耗外，二进制 Writable 类型作为中间结果时会占用更少的空间。

② 大部分输出值很小的时候，使用 IntWritable 或 LongWritable 对象。当磁盘 I/O 和网络传输成为大型 job 所遇到的瓶颈时，减少一些中间结果的数值可以获得更好的性能。在处理整形数值时，有时使用 VIntWritable 或 VLongWritable 类型可能会更快些——这些实现了变长整形编码的类型，在序列化小数值时会更节省空间。

（6）重用 Writable 类型

① 在 mapred.child.java.opts 的参数上增加 -verbose:gc -XX:+PriintGCDetails，然后查看一些 Task 的日志。如果垃圾回收频繁工作且消耗一些时间，则需要注意那些无用的对象。

② 在代码中搜索"new Text"或"new IntWritable"。如

果它们出现在一个内部循环或是 Map/Reduce 方法的内部时，这条建议可能会很有用。

③这条建议在 Task 内存受限的情况下特别有用。

4.2 Hadoop 小文件优化

（1）Hadoop 中何为小文件

小文件指的是那些文件大小要比 HDFS 的数据块 (Hadoop 1.x 默认块大小是 64 MB，可以通过 dfs.block.size 设置；Hadoop 2.x 默认块大小是 128 MB，可以通过 dfs.block. size 设置) 小得多的文件。如果在 HDFS 中存储小文件，那么在 HDFS 中肯定会含有许多这样的小文件 (不然就不会用 Hadoop 了)。而 HDFS 的问题在于无法很有效地处理大量小文件。

在 HDFS 中，任何一个文件、目录和 Block，在 HDFS 中都会被表示为一个 Object 存储在 NameNode 的内存中，每一个 Object 占用 150 Bytes 的内存空间。所以，如果有 1000 万个文件，每一个文件对应一个 Block，那么就将要消耗 NameNode 3GB 的内存来保存这些 Block 的信息。如果规模再大一些，那么将会超出现阶段计算机硬件所能满足的极限。

通常情况下，对小文件的访问和读取，会在 DataNode

和 DataNode 之间频繁地 seeking 和 hopping，这是一种低效的访问方式。而 NameNode 的存在，则是为了流畅地访问大文件而设计的。

（2）大量小文件在 MapReduce 中的问题

Map tasks 通常是每次处理一个 Block 的 Input(默认使用 FileInputFormat)。如果文件非常小，并且拥有大量的这种小文件，那么每一个 Map task 都仅仅处理了非常小的 Input 数据，并且会产生大量的 Map tasks，每个 Map task 都会消耗一定量的 bookkeeping 的资源。比较一个 1 GB 的文件（默认 Block size 为 64 MB) 和 1 GB 的文件（每一个文件 100 KB)，后者每一个小文件使用一个 Map task，那么 job 的时间将会十倍甚至百倍慢于前者。

Hadoop 中有一些特性可以用来减轻这种问题。一种方法为可以在一个 JVM 中允许 Task Reuse，以支持在一个 JVM 中运行多个 Map task，以此来减少一些 JVM 的启动消耗（通过 mapred.job.reuse.jvm.num.tasks 设置，默认为 1，-1 为无限制）。另一种方法为使用 MultiFileInputSplit，它可以使得一个 Map 中能够处理多个 Split。

（3）为什么会产生大量的小文件

至少有两种情况下会产生大量的小文件：

①这些小文件都是一个大的逻辑文件的 pieces。由于 HDFS 刚支持对文件的 append，因此以前用来向 unbounde files（如 log 文件）添加内容的方式都是通过将这些数据用许多 chunks 的方式写入 HDFS 中的。

②文件本身就很小。例如，许许多多的小图片文件，每一个图片都是一个独立的文件，并且没有一种很有效的方法来将这些文件合并为一个大文件。

（4）解决方法

上面两种情况需要有不同的解决方式。对于第一种情况，文件是由许许多多的 record 组成的，那么可以通过调用 HDFS 的 sync() 方法（和 append 方法结合使用）来解决。或者可以通过一个程序来专门合并这些小文件。

对于第二种情况，就需要某种形式的容器通过某种方式将这些文件分组。Hadoop 提供了一些选择：

① HAR files。Hadoop Archives（HAR files）是在 0.18.0 版本中引入的，它的出现就是为了缓解大量小文件消耗 NameNode 内存的问题。HAR 文件是通过在 HDFS 上构建一个层次化的文件系统来工作。一个 HAR 文件通过 Hadoop 的 Archive 命令来创建，而这个命令实际上也是运行了一个 MapReduce 任务来将小文件打包成 HAR。对于 client 端来说，使用 HAR 文件没有任何影响。但在 HDFS 端，其内部的文件数减少了。

Hadoop 关于处理大量小文件的问题和解决方法——NicoleAmanda——如果只是简单地通过 HAR 来读取一个文

件并不会比直接从 HDFS 中读取文件高效，而且实际上可能还会稍微低效一点，因为对每一个 HAR 文件的访问都需要完成两层 index 文件的读取和文件本身数据的读取。尽管 HAR 文件可以被用来作为 MapReduce job 的 Input，但是并没有特殊的方法来使 Map 将 HAR 文件中打包的文件当作一个 HDFS 文件处理。可以考虑通过创建一种 Input format，利用 HAR 文件的优势来提高 MapReduce 的效率，但目前还没有人运用。

②SequenceFiles。通常对于"the small files problem"的回应会是，使用 SequenceFile。这种方法是说，使用 filename 作为 Key，并且 file contents 作为 Value。实践中这种方式非常管用。回到 10 000 个 100 KB 的文件，可以写一个程序来将这些小文件写入一个单独的 SequenceFile 中，然后就可以在一个 streaming fashion(directly or using mapreduce) 中使用这个 SequenceFile。不仅如此，SequenceFiles 也是可拆分的，所以 MapReduce 可以将它们拆分成块，并且分别独立处理。和 HAR 不同的是，这种方式还支持压缩。block 的压缩在许多情况下都是最好的选择，因为它将多个 records 压缩到一起，而不是一个 record 一个压缩。

将已有的许多小文件转换成一个 SequenceFiles 可能会比较慢。但是，完全有可能通过并行的方式来创建一系列的 SequenceFiles。Stuart Sierra 有一篇关于将 tar 文件转换为

SequenceFile 的帖子，这样的工具是非常实用的。更进一步，如果有可能最好设计自己的数据 pipeline，将数据直接写入一个 SequenceFile。

③如果你需要处理大量的小文件，并且依赖于特定的访问模式，可以采用其他方式，如 HBase。HBase 以 MapFiles 存储文件，并支持 Map/Reduce 格式流数据分析。对于大量小文件的处理，也不失为一种好的选择。

4.3　任务调度

Hadoop 实现了可插入式调度器为作业分配资源的功能。但是，我们从传统调度中得知，不是对所有算法的处理速度都是一样的，这些算法的工作效率取决于工作负载和集群。目前常用的调度算法是容量任务调度和公平任务调度。

（1）默认的任务调度：FIFO 调度器

集成在 JobTracker 中的原有调度算法被称为 FIFO。FIFO 是 Hadoop 中默认的调度器，也是一种批处理调度器。它先按照作业的优先级高低，再按照到达时间的先后选择被执行的作业。这种调度方法不会考虑作业的优先级或大小，但很容易实现，而且效率很高。

例如，一个 TaskTracker 正好有一个空闲的 slot，此时

FIFO 调度器的队列已经排好序，就选择排在最前面的任务 job1，job1 包含很多 map task 和 reduce task。假如空闲资源是 map slot，我们就选择 job1 中的 map task。假如 map task0 要处理的数据正好存储在该 TaskTracker 节点上，根据数据的本地性，调度器把 map task0 分配给该 TaskTracker。FIFO 调度器整体就是这样一个过程。

（2）容量任务调度 / 计算能力调度

支持多个队列，每个队列可配置一定的资源量，每个队列采用 FIFO 调度策略，为了防止同一个用户的作业独占队列中的资源，该调度器会对同一用户提交的作业所占资源量进行限定。调度时，首先按以下策略选择一个合适队列：计算每个队列中正在运行的任务数与其应该分得的计算资源之间的比值，选择一个该比值最小的队列；然后按以下策略选择该队列中一个作业：按照作业优先级和提交时间顺序选择，同时考虑用户资源量限制和内存限制。

例如，有 3 个队列：queueA、queueB 和 queueC，每个队列的 job 按照到达时间排序。假如有 100 个 slot，queueA 分配 20% 的资源，可配置最多运行 15 个 task，queueB 分配 50% 的资源，可配置最多运行 25 个 task，queueC 分配 30% 的资源，可配置最多运行 25 个 task。这三个队列同时按照任务的先后顺序依次执行，如 job11、job21 和 job31 分别排在队列最前面，最先运行，也是同时运行。

(3) 公平任务调度

同容量任务调度类似，公平任务调度是以作业池为单位分配任务槽。公平共享调度的核心概念是，随着时间推移平均分配工作，这样每个作业都能平均地共享到资源。结果是只需较少时间执行的作业能够访问 CPU，那些需要更长时间执行的作业结束得迟。Hadoop 会创建一组池，将作业放在其中供调度器选择。每个池会分配一组共享以平衡池中作业的资源（更多的共享意味着作业执行所需的资源更多）。默认情况下，所有池的共享相等，但可以进行配置，根据作业类型提供更多或更少的共享。如果需要的话，还可以限制同时活动的作业数，以尽量减少拥堵，让工作及时完成。公平任务调度会追踪系统中每个作业的计算时间，还会定期检查作业接收到的计算时间和在理想的调度器中应该收到的计算时间的差距，并会使用该结果来确定任务的缺额。公平任务调度作业接着会保证缺额最多的任务最先执行。

例如，有 3 个队列：queueA、queueB 和 queueC，每个队列中的 job 按照优先级分配资源，优先级越高分配的资源越多，但是每个 job 都会分配到资源以确保公平。在资源有限的情况下，每个 job 理想情况下获得的计算资源与实际获得的计算资源存在差距，这个差距就叫作缺额。在同一个队列中，job 的资源缺额越大，越先获得资源优先执行。作业是按照缺额的高低来先后执行的，而且可以有多个作业同时运行。

Hadoop 家族产品

截至 2013 年，根据 Cloudera 的统计，Hadoop 家族产品已经达到 20 个。

Apache Hadoop：是 Apache 开源组织的一个分布式计算开源框架，提供了一个分布式文件系统子项目 (HDFS) 和支持 MapReduce 分布式计算的软件架构。

Apache Hive：是基于 Hadoop 的一个数据仓库工具，可以将结构化的数据文件映射为一张数据库表，通过类 SQL 语句快速实现简单的 MapReduce 统计，不必开发专门的 MapReduce 应用，十分适合数据仓库的统计分析。

Apache Pig：是一个基于 Hadoop 的大规模数据分析工具，它提供的 SQL-LIKE 语言叫 Pig Latin，该语言的编译器会把类 SQL 的数据分析请求转换为一系列经过优化处理的 MapReduce 运算。

Apache HBase：是一个高可靠性、高性能、面向列、可伸缩的分布式存储系统，利用 HBase 技术可在廉价 PC

Server 上搭建起大规模结构化存储集群。

Apache Sqoop：是一个用来将 Hadoop 和关系型数据库中的数据相互转移的工具，可以将一个关系型数据库（MySQL、Oracle、Postgres 等）中的数据导到 Hadoop 的 HDFS 中，也可以将 HDFS 的数据导到关系型数据库中。

Apache ZooKeeper：是一个为分布式应用所设计的分布的、开源的协调服务，它主要是用来解决分布式应用中经常遇到的一些数据管理问题，简化分布式应用协调及其管理的难度，提供高性能的分布式服务。

Apache Mahout：是基于 Hadoop 的机器学习和数据挖掘的一个分布式框架。Mahout 用 MapReduce 实现了部分数据挖掘算法，解决了并行挖掘的问题。

Apache Cassandra：是一套开源分布式 NoSQL 数据库系统。它最初由 Facebook 开发，用于储存简单格式数据，集 Google BigTable 的数据模型与 Amazon Dynamo 的完全分布式的架构于一身。

Apache Avro：是一个数据序列化系统，设计用于支持数据密集型、大批量数据交换的应用。Avro 是新的数据序列化格式与传输工具，将逐步取代 Hadoop 原有的 IPC 机制。

Apache Ambari：是一种基于 Web 的工具，支持 Hadoop 集群的供应、管理和监控。

Apache Chukwa：是一个开源的用于监控大型分布式系

统的数据收集系统，可以将各种各样类型的数据收集成适合 Hadoop 处理的文件保存在 HDFS 中供 Hadoop 进行各种 MapReduce 操作。

Apache Hama：是一个基于 HDFS 的 BSP (Bulk Synchronous Parallel) 并行计算框架，可用于包括图、矩阵和网络算法在内的大规模、大数据计算。

Apache Flume：是一个分布的、可靠的、高可用的海量日志聚合的系统，可用于日志数据收集、日志数据处理、日志数据传输。

Apache Giraph：是一个可伸缩的分布式迭代图处理系统，基于 Hadoop 平台，灵感来自 BSP (Bulk Synchronous Parallel) 和 Google 的 Pregel。

Apache Oozie：是一个工作流引擎服务器，用于管理和协调运行在 Hadoop 平台上（HDFS、Pig 和 MapReduce）的任务。

Apache Crunch：是基于 Google 的 FlumeJava 库编写的 Java 库，用于创建 MapReduce 程序。与 Hive、Pig 类似，Crunch 提供了用于实现如连接数据、执行聚合和排序记录等常见任务的模式库。

Apache Whirr：是一套运行于云服务的类库（包括 Hadoop），可提供高度的互补性。Whirr 支持 Amazon EC2 和 Rackspace 的服务。

Apache Bigtop：是一个对 Hadoop 及其周边生态进行打包、分发和测试的工具。

Apache HCatalog：是基于 Hadoop 的数据表和存储管理，实现中央的元数据和模式管理，跨越 Hadoop 和 RDBMS，利用 Pig 和 Hive 提供关系视图。

Cloudera Hue：是一个基于 Web 的监控和管理系统，实现对 HDFS、MapReduce/YARN、HBase、Hive、Pig 的 Web 化操作和管理。